经典战史回眸 写真系列

战车道

北约“坚强欧洲坦克挑战赛”写真集

黄竣民 编著

WUHAN UNIVERSITY PRESS
武汉大学出版社

图书在版编目(CIP)数据

战车道:北约“坚强欧洲坦克挑战赛”写真集/黄竣民编著.—武汉:武汉大学出版社,2019.7
经典战史回眸.写真系列
ISBN 978-7-307-20874-2

Ⅰ.战…　Ⅱ.黄…　Ⅲ.坦克—世界—图集　Ⅳ.E923.1-64

中国版本图书馆 CIP 数据核字(2019)第 084981 号

本书原由金刚出版事业有限公司以繁体字版出版。
经由金刚出版事业有限公司授权本社在中国大陆地区出版并发行简体字版。

责任编辑:王军风　　责任校对:李孟潇　　版式设计:马　佳

出版发行:**武汉大学出版社**　(430072　武昌　珞珈山)
(电子邮件:cbs22@ whu.edu.cn 网址:www.wdp.com.cn)
印刷:武汉市金港彩印有限公司
开本:889×1194　1/16　印张:12.5　字数:379 千字
版次:2019 年 7 月第 1 版　2019 年 7 月第 1 次印刷
ISBN 978-7-307-20874-2　定价:120.00 元

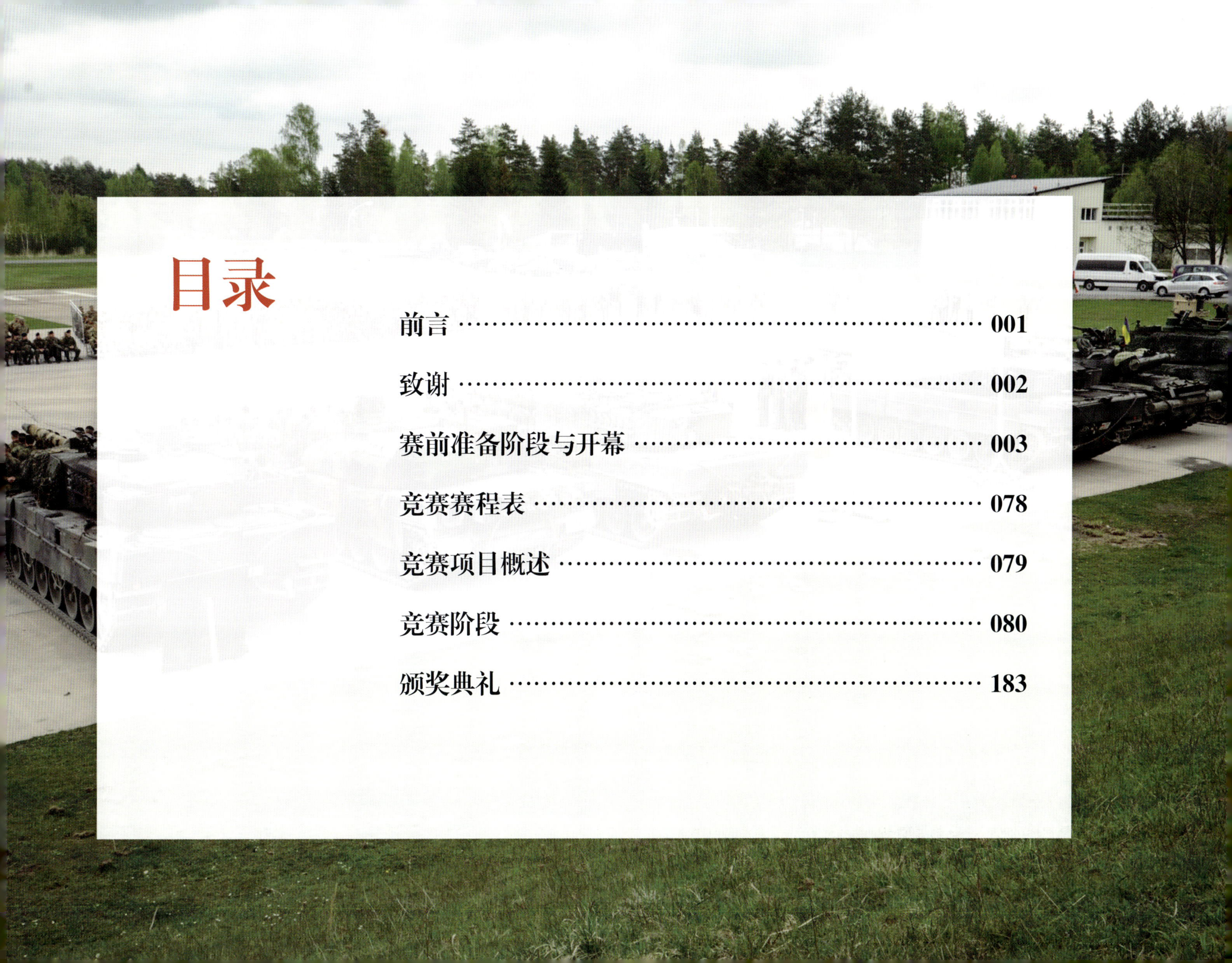

目录

前言 …………………………………………………… 001

致谢 …………………………………………………… 002

赛前准备阶段与开幕 ………………………………… 003

竞赛赛程表 …………………………………………… 078

竞赛项目概述 ………………………………………… 079

竞赛阶段 ……………………………………………… 080

颁奖典礼 ……………………………………………… 183

前　　言

北约（NATO）先前举办多年（1963—1991）的加拿大陆军杯（The Canadian Army Trophy, CAT）坦克射击竞赛，早在冷战结束之后旋即熄火，自从近期东欧的紧张局势突然跃升后，去年（2016年）驻欧美军与德军，选在德国巴伐利亚州的格拉芬沃尔（Grafenwöhr），首次联合举办了名为“坚强欧洲坦克挑战赛（Strong Europe Tank Challenge）”的竞赛，似乎有与现行俄罗斯已举办多次的“坦克两项（Tank biathlon）竞赛”相对抗的意味。

在2016年首次举办的“坚强欧洲坦克挑战赛”中，一共有6个国家（丹麦、波兰、意大利、德国、斯洛文尼亚和美国）派出的7支队伍（美军2队），参加为期3天的各种竞赛。若与俄罗斯的“坦克两项竞赛”相比，北约国家的坦克竞赛不仅规模更大，而且以坦克射击技术与排级战斗射击为主，其竞赛规则较符合实战的要求，而非像“坦克两项竞赛”，着重于坦克的驾驶技术与障碍超越，对于坦克主要射击的技术着墨不多。

2017年“坚强欧洲坦克挑战赛”共有美国、法国、德国、奥地利、波兰和乌克兰6国参加。本次比赛的水平比2016年的有进一步的提升。在美军第7军团训练指挥部与德国联邦国防军的协力安排下，笔者能有幸深入其训练场中全程目击这一场赛事，本书所有图片都是笔者亲临现场观看2017年“坚强欧洲坦克挑战赛”时所拍摄。希望本书能引领对当代世界坦克发展感兴趣的读者，一同走进这一场钢铁竞技场的氛围当中，领略和享受那场坦克大赛的精彩片段。

致　　谢

特别感谢美军欧洲指挥部第7军团训练指挥部（7ATC）、德国联邦国防军及迈克尔·休舍（Michael Schösser）的协助，使本书得以顺利完成和出版。

赛前准备阶段与开幕

在开幕之前，各参赛部队的兵器装备通过铁路运输或板车运输，早在开赛的前一周即陆续抵达。图为乌克兰部队所使用的T-64BV坦克正在上板车，准备进行道路运输。

与乌克兰不同的是，其他国家的参赛队伍几乎都以铁路运输的方式抵达参赛场地。图为法国队所使用的AMX-56“勒克莱尔”（Leclerc）坦克正在下铁路平板车。

法国队所使用的AMX-56“勒克莱尔”坦克正在下铁路平板车。

下完平板车，正在检整中的法军“勒克莱尔”坦克车队（1），可以见到坦克兵正在让铁路运输中原本上举固定的前段装甲侧裙解除绳索。与德国“豹Ⅱ”坦克一样，在三段的装甲侧裙中，前段的部分特别厚重，以增加防护能力。

下完平板车，正在检整中的法军“勒克莱尔”坦克队（2），可以见到尚未附挂伪装网的法军“勒克莱尔”坦克的真面目，坦克兵正在接通头盔的车内通话器、安装车外天线……车装120mm/L52坦克炮的方行炮盾特别明显。

运载法军“勒克莱尔”坦克的专列，驶入格拉芬沃尔训练场，该训练场设有专门输送用的铁轨，参赛车辆可以直接在营区进行上下平板车的作业。“勒克莱尔”坦克在铁路运输时将前段装甲侧裙向上固定，以避免在运输过程中发生意外。

参赛队伍（1）美国队，是由美军第4步兵师第3旅战斗群第66-1营第2连第1排派出。美国队参加开幕典礼的服装是一般的BDU（作战服），并非穿着坦克连身服与会。

参赛队伍（2）德国队，是由德军第21装甲旅第203坦克营第2连的第1排派出。德国队穿着斑点坦克连身服出席开幕典礼，该款连身服并不具备防火功能，如果天气寒冷，会在连身服内加穿内衣。

参赛队伍（3）法国队，是由法军第501坦克团第3连的第2排派出。法国队的坦克连身服是场中最花哨的一款，但多扎的S腰带似乎有点画蛇添足。

参赛队伍（4）奥地利队，是由奥军第4装甲掷弹兵旅第14坦克营第2连派出。奥地利队出席开幕典礼的装甲兵，所穿着的是夹克式作战服，在当今以迷彩为主流的军服色调上，该国作战服的颜色的确是“素”了一些。

参赛队伍（5）波兰队，是由波军第1坦克营第4连派出。波兰的坦克连身服也是走素色风，不过在设计上也算独具一格，尤其是顾虑到官兵的“方便”，因此在臀部有一片活动式的拉链。

参赛队伍（6）乌克兰队，是由乌军第14机械化旅的坦克营派出。乌克兰队穿着新式的迷彩服现身，并非是比赛时所穿着的素绿色坦克服，可以发现乌克兰坦克兵身材相比之下的确差距较大，尤其是驾驶员，通常是挑小个子担任，这样的不成文的“传统”其来有自。

参赛装备（1），美国队使用M1A2（SEP）型坦克参赛，该型坦克是目前驻欧美军地面部队的主力坦克。虽然历经冷战后的大裁军，大批重型的装甲部队面临缩编的命运；但近年由于东欧的紧张气氛升高，反而让这样的重装甲兵器得以重回前线。

参赛装备（1），美军M1A2（SEP）型坦克的基本性能如下，车长：9.77米，车宽：3.66米，车高：2.44米，车重：62吨，最大时速：67公里（道路）/40公里（越野），行驶距离：391公里。主要武装：120mm/L44滑膛炮（为增加穿甲能力，能使用贫铀弹）。可以看出场中唯一使用燃气涡轮引擎的M1A2（SEP）坦克，在与绝大多数使用柴油引擎的他国坦克相比，油耗较大，相应地行驶距离较短。

参赛装备（2），德国队使用“豹Ⅱ”A6（Leopard ⅡA6）坦克参赛，尽管德国装甲部队历经两德统一后的最大裁减（从冷战全盛时期的80余个坦克营裁减到5个坦克营），德军装甲部队一旦参赛，向来都是各国参赛队伍的头号目标。图为担任本次参赛任务的德军第104坦克营所属的“豹Ⅱ”A6坦克，去年的冠军队伍即是该营所派出。

参赛装备（2），德军“豹Ⅱ”A6型坦克的基本性能如下，车长：10.97米、车宽：3.7米、车高：3米、车重：62吨、最大时速：68公里（道路）、行驶距离：500公里、主要武装：120mm/L55滑膛炮。

参赛装备（3），法国队使用AMX-56“勒克莱尔”坦克参赛，是西方世界首度见证到“勒克莱尔”坦克实际战力的机会，毕竟这款造价相对昂贵的主力坦克（单车造价1260万美金），只有少数中东的富豪国家买得起，因此外销成绩不佳，号称“富豪的玩具”。

参赛装备（3），法军AMX-56“勒克莱尔”坦克的基本性能如下，车长：9.9米、车宽：3.6米、车高：2.53米、车重：56.5吨、最大时速：72公里（道路）、行驶距离：550公里（使用外挂油箱为650公里）、主要武装：120mm/L52滑膛炮。

参赛装备（4），奥地利队使用“豹Ⅱ”A4（Leopard ⅡA4）坦克参赛，这是属于第三代主力坦克的基本款，方正的外型，还是令人直接联想到“豹Ⅱ”进化版之前的原始构型。

参赛装备（4），奥军“豹Ⅱ”A4（Leopard ⅡA4）坦克的基本性能如下，车长：9.67米、车宽：3.79米、车高：2.79米、车重：55吨、最大时速：72公里（道路）、行驶距离：340公里、主要武装：120mm/L44滑膛炮。

参赛装备（5），第二度参赛的波兰队，依旧使用“豹Ⅱ”A5（Leopard ⅡA5）坦克参赛，这一款坦克的构型，刚好介于德国与奥地利的使用款之间；尽管波兰目前是少数同时使用俄系与德系坦克的军队，也从德国取得最新款的“豹Ⅱ”（PL），但是却意外地没有派出较高规格版的坦克参赛，实在令坦克迷们有些遗憾。

参赛装备（5），波军“豹Ⅱ”A5（Leopard ⅡA5）坦克的基本性能如下，车长：9.67米、车宽：3.74米、车高：2.48米、车重：62.5吨、最大时速：72公里（道路）、行驶距离：500公里、主要武装：120mm/L44滑膛炮。

参赛装备（6），乌克兰队使用的T-64BV型主力坦克，原先以为乌克兰会派出较新锐的T-84坦克上场应战，却只派来T-64BV坦克，或许是因为乌克兰陆军的T-84坦克数量太少，主要肩负防御首都基辅的任务，因此无法前来参赛。毕竟去年（2016）斯洛文尼亚参赛的M-84坦克已经灰头土脸，结果乌克兰却大出众人所料，竟然派出更旧款的T-64BV坦克出赛，很明显的是要跟众人宣告“乌克兰只是重在参与”。

参赛装备（6），乌军T-64BV型主力坦克的基本性能如下，车长：9.2米、车宽：3.6米、车高：2.17米、车重：45吨、最大时速：60公里（道路）、行驶距离：600公里、主要武装：125mm/L48滑膛炮。

罗马尼亚原本要参赛，却在最后关头临时反悔，也没有向主办单位提出一个像样的说明，让主办单位像丈二和尚一样摸不着头脑。一般猜测是受到来自俄罗斯的某些压力，而令罗马尼亚在开赛前临时喊停，使得这一次的赛事精彩程度稍受影响，也让军迷们无缘见识到另一款坦克在竞技场上的丰采。图为罗马尼亚陆军的T-72M主力坦克，车头正面大型的“V”字避弹钢板，可以说是该款坦克的“注册商标”。

本届（2017年）比赛的场地，依然是位于德国南部巴伐利亚州的格拉芬沃尔训练场（Grafenwöhr Training Area, GTA）。该训练场占地超过230平方公里，内敷设超过110公里的坦克行驶专用道，和超过200公里以上的二级道路；此外，训练场内还设有数十座的数字化计算机控制靶场，这也是驻欧美军最大的一座训练基地。

格拉芬沃尔训练场还拥有43个炮兵阵地、24个迫击炮阵地、2座机场、3处空投区、3处爆破区、2处工兵训练场……能够提供从小型武器、炮兵火炮、坦克到战机等多种类型武器从事各项科目的实弹训练。因为它能整合从仿真器到实体性的军事训练，故被喻为“高效能基地（Efficient Basing）”。先前的第7军团多国联合训练指挥部（Joint Multinational Training Command，JMTC），也已经在2016年调整单位番号，目前称为第7军团训练指挥部（7ATC）。

格拉芬沃尔训练场的“战车道”，这个训练场是坦克排战斗射击场，射击距离可以轻易地超过2000米，而且可固定靶与活动靶并用，对于装甲兵而言，的确是一处绝佳的锻炼场所。图中的卡车是场中的教勤车辆，在战斗（攻击、防御）射击时会随坦克排跟进，以对各车的射击成果做记录。

本次竞赛所用的目标靶，由于各国装甲部队的装备不同，对于坦克射击训练方面的教导方式亦有所出入，所以在计分的作业上需要求统一，而这些竞赛的规则，早在前一年就让参赛国家的队伍明了。射击项目中只有“坦克靶”跟“机枪靶”两种，供坦克的主炮与同轴机枪射击用，不像俄罗斯的“坦克两项竞赛”，还有射击防空机枪的直升机目标靶纸。

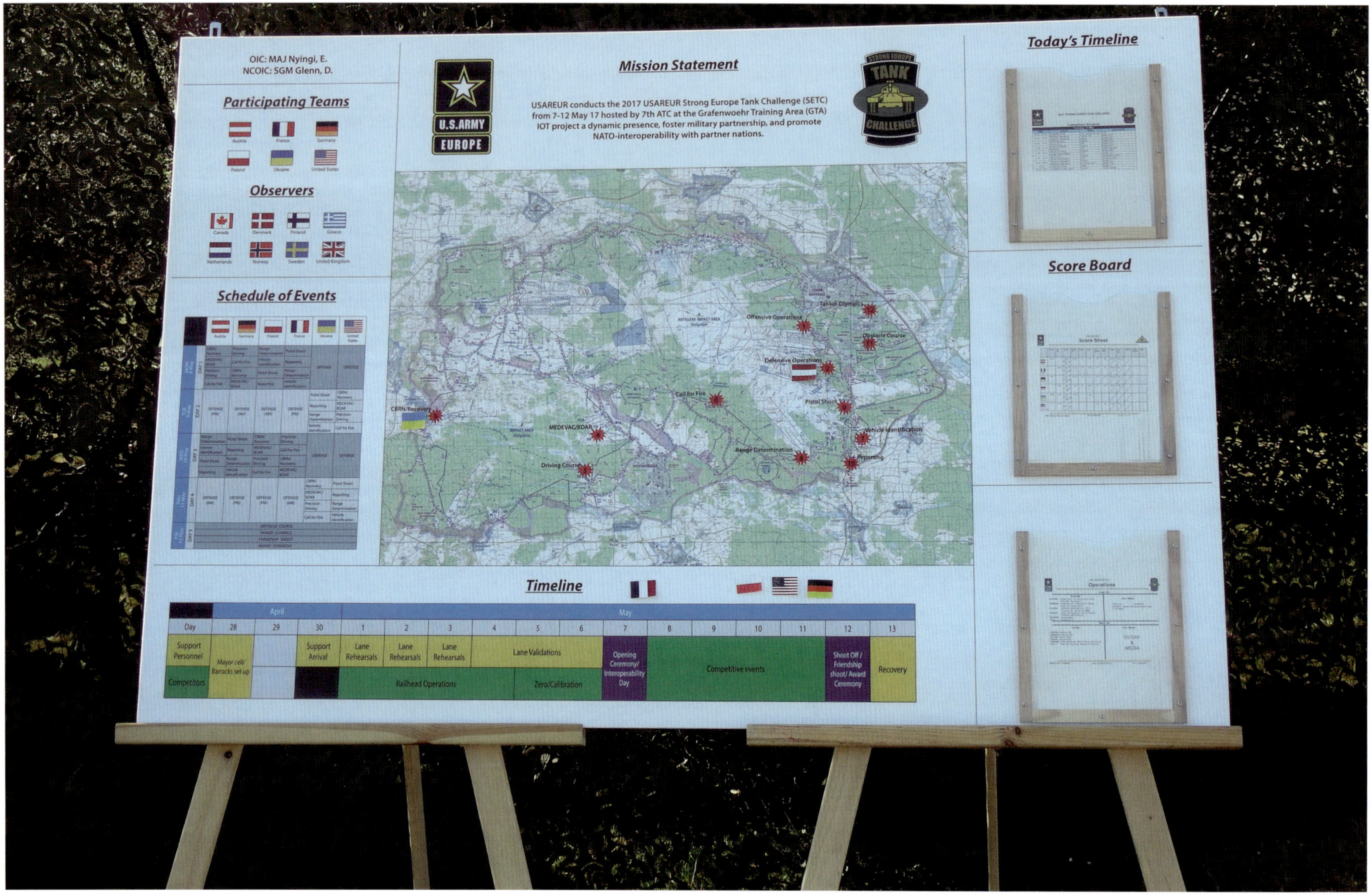

竞赛场地分配：本次竞赛所使用的场地计有第117、118、123、132、204、206、213靶场及城镇作战训练场……等12个场地（竞赛项目共有12项），即使比赛异地同时展开，在偌大的训练场中根本也不会有相互干扰的情况，让部队得以全心全意地专注于赛事。与去年（2016）首届举办时相比，今年赛事的行程安排不像去年那般紧凑，各参赛国从年初即获知这次比赛的内容，开始挑选参赛的排级单位自行进行训练，并于4月30日前将参赛装备运抵训练场，各队还能有一周的时间熟悉各个比赛的环境、检整装备与进行最后的训练。

除了这一届参赛的六个国家队伍外，北约组织中还有英国、加拿大、丹麦、芬兰、荷兰、希腊、挪威和瑞典等8个国家派遣观察团全程观摩，以了解此次比赛全程的各项规则和内容。简报说明官为德军第104坦克营的训练官，该营是担负本次教勤任务的主力。

参赛国与观察国的高级军官团在竞赛场地合影，据闻，美军驻欧的第7军团指挥官已经广发邀请函，因此，今年以观察国身份出席的国家，基本上明年应该可以在此地改以参赛国的身份参赛，届时的精彩程度势必大幅提升。

由于坦克射击的项目占分最重，因此赛前各队无不抓紧时间进行射击训练。重点是各国坦克所要射击的弹药，是由各国自行运输、携带过来，因此携行数量还得自行斟酌，以免比赛时弹药不足，或造成浪费。

法国装甲兵正在搬运弹药，准备为其“勒克莱尔”坦克进行装填作业。由于法制的“勒克莱尔”坦克采用自动装填方式，坦克组员仅三名（较其他参赛的北约坦克减少了一名），因此在弹药补给作业时较显吃力。或许，这也是其他西方国家的坦克设计一直不愿意抛弃掉人工装填方式的一个因素，从比赛中也多次印证这样的思路还挺中肯。

正在取出120mm高爆穿甲弹（HEAT）练习弹的法军装甲兵，可以见到弹体保存得相当良好。一般而言，对于120mm口径的弹药，参赛的美、德、法、波、奥军坦克均可共享，因此在后勤支持上相对简易许多。法军使用这一款训练弹全重大于24公斤、初速1100米/秒。

相较于北约使用的120mm标准弹药，乌克兰参赛坦克所使用的125mm弹药则显得特立独行，也因为无法共享，所以乌克兰队携带的弹药比较多。事实上，竞赛的结果证实，乌克兰队的射击精准度实在有待提高，射击所浪费掉的弹药相当可观。而T-64BV坦克火炮的推进药采用环绕整个炮塔吊篮垂直储放的方式，不仅暴露在战斗舱内，且设计的位置又高于负重轮，若遭敌军火力从车体侧面或从炮塔的各个角度贯穿，则非常容易被引燃，直接威胁坦克组员的生命安全。

乌克兰使用的T-64BV坦克采用自动装填的系统，因此坦克组员数跟法国的“勒克莱尔”坦克一样均为三名。两款坦克的自动装弹系统设计走向不同（俄系坦克采用分装式的弹药），在这样的坦克竞赛当中，或许差别不是那么明显。

乌克兰T-64BV坦克的D-81T（2A46M-1）型125mm滑膛炮搭配6ETs10液压自动装弹机，所采用的是传统吊篮式的结构设计，弹丸和药筒均放在装弹槽中，再一同装进炮膛，射速约为6~8发/分，万一机器故障时，可能一分钟都无法装填1发，惨状可想而知。就该坦克所使用的弹药而言，可以很清楚地看见弹头与发射药分离，在装填与储存时反而更加耗时费力，加上俄系坦克炮塔空间的人性化设计一向不高，在拥挤狭隘的空间中实施弹药装填与补充作业一般较为复杂。更严重的是，这种旧款式的自动装弹机，由于采用分装模式进行装填，药包的保存缺乏防护，因此在作战时一旦遭受敌军炮弹贯穿车体，就极易引爆全车，造成所谓的殉爆，遇到这种情况车组人员的存活率极低。

苏联率先在T-62中型坦克上使用“尾翼稳定脱壳穿甲弹”（APFSDS）弹药，开启了滑膛炮在坦克上广泛运用的新页。本图为125mm坦克炮分装式弹药的特写，前方是装药包（外壳为半可燃型），后方是弹头。该型弹药的初速介于1700至1800米/秒之间，速度损耗约为60-140米/秒/公里（具体取决于当时射击条件的情况）。而分离的弹壳片在出炮口之后依旧具有显著的动能，因此在坦克炮左右各2°的1000米距离内，会被视为“危险区域”。

整箱125mm坦克炮弹药，与北约使用的弹药储放标准相比，乌克兰军的弹药储存要求似乎不很理想，整个外包装生锈的现象相当明显。穿着迷彩服的女弹药军官正在清点记录弹药情况。

波兰装甲兵正在进行弹药领取作业（1）。注意一旁岗哨亭的涂装，还是代表德国巴伐利亚州的蓝、白相间色。

波兰装甲兵正在进行弹药领取作业（2），可以看出所使用的弹种和法军的不一样。

奥地利装甲兵整备作业中的一景（1）：弹药搬运。

奥地利装甲兵整备作业中的一景（2）：正在为“豹Ⅱ”A4坦克的120mm/L44滑膛炮通炮膛。

正从“勒克莱尔”坦克车尾传弹的法军装甲兵。可以发现其坦克连身服的设计，的确具有与众不同的特色，除了一般现役的法军迷彩色外，特殊的剪裁设计也让人不得不赞叹法兰西的优雅，连军服也如此的绚丽与复杂。

整备中的法军“勒克莱尔”坦克，法军坦克兵正在进行扛弹和装弹作业。“勒克莱尔”坦克装置非常独特的自动装弹机（机件正常时，装弹机每分钟可装填12发，装弹机内可搭载22发；全车共备弹40发），采用车尾装填方式，与俄系的自动装弹机不同，官兵得先从炮塔尾端进行装填，装满之后才将多余的炮弹储放于车体内部。这在一般的竞赛时或许还能应付，但在实战状况下就可能暴露出致命的缺陷；轻者火力中断，重者则可能沦为敌军标靶而无力反抗。

隐藏在储物箱后方的自动装弹机系统，图为正在为自动装弹机进行弹药装填的特写镜头。这样的设计虽然相当独特，却也在这一次的竞赛中暴露出严重的缺陷，“勒克莱尔”坦克采用的车尾装填系统，甚至比一般人认为较粗糙的俄系分装式装弹系统更不可靠。法系装备常常受到“好看，不好用”的议论，可能要好久才能洗刷掉。

炮塔尾部的储物箱已打开，可见到自动装弹机露出端倪，扛着二十几公斤重弹药的法军坦克兵正要进行传弹与装填作业。整个装填过程约需耗费25-30分钟。

检查、拆装弹药作业中的乌克兰官兵，可清楚看见125mm坦克炮弹药桶的尺寸。

射击比赛之前，场地负责的长官不免先耳提面命一番，从集合中的坦克组员来看，不难发现俄系坦克的坦克兵身材均略显瘦小，要在这类的坦克中爬进、爬出，身材瘦小还是比较灵活方便。套上坦克兵专用的防撞头盔后，这队乌克兰战士看起来别有一番风格。

完成弹药领取作业，准备出发前往射击场进行射击训练的乌克兰T-64BV坦克车队。车身前端原本V形凸起物（具备防浪、防弹和登车防滑功能），已被加挂的反应装甲模块给覆盖，位于主炮左侧所安装的L-2G红外线探照灯，作为夜视系统照明使用。

德国装甲兵正在为射击前的坦克炮进行最后的校准作业。读者可以看出德军坦克的伪装作业，在与其他国家参赛的坦克相比之下独树一帜，这是历经史上最多坦克作战的战场经验累积而成，奇怪的是却没有其他国家的坦克采用这样的“伪装模式”。

德国“豹Ⅱ”A6坦克的车队，正准备开进靶场进行射击练习。

完成准备的乌克兰T-64BV坦克，正驶往靶场路途当中，显示出浓烈的俄系坦克狂潮风暴。

在118号靶场前，奥地利装甲兵正在进行坦克炮射击前的最后校准，右侧方可见官兵正在为“豹Ⅱ”A4坦克进行火炮校准的作业。

练习射击中的美军M1A2（SEP）坦克，拥有厚实的身躯，在射击中的M1A2（SEP）坦克晃动程度极小，火炮巨大的后坐力，并没有让车辆产生明显的摇晃或后退情形。

M1A2（SEP）坦克炮塔上的美军装甲兵，正准备实施传弹作业。美军坦克兵穿着的坦克服还外加背心，以增加在车内的防护效果，但也令坦克兵在狭隘的空间中活动更不便利。比赛中有些国家的装甲兵还是不喜欢穿着这样的“外挂装备”在坦克里头干活，尤其是俄系坦克。

练习射击中的德军“豹Ⅱ”A6坦克。

练习射击中的波兰军“豹Ⅱ”A5坦克。

练习射击中的奥军“豹Ⅱ”A4坦克。

练习射击中的法军“勒克莱尔”坦克。

练习射击中的乌克兰T-64BV坦克。对于火炮制造工艺水平较差的俄系滑膛炮来说，射击破甲榴弹时的炮管寿命约600-800发；一旦射击翼稳脱壳穿甲弹时，则减为280发左右。参加北约这样高强度的射击赛事，对于2A46M-1式这类俄系的125mm滑膛炮而言，简直就是一种灾难。

停放于靶场的法军“勒克莱尔”坦克，车体覆盖着破布般的伪装网。

施放烟幕弹，高速撤出射击阵地的法军“勒克莱尔”坦克，这是该款坦克目前致命的设计之一。由于未搭载倒车摄影机，在向后撤离阵地时，“勒克莱尔”坦克得先调转车头，才能让坦克拥有较高的行驶速度撤出射击阵地。这也是该款高价坦克另一个令人诟病的地方，不像德国、波兰部队使用的“豹Ⅱ”坦克系列，可以利落地直接倒车行驶退出阵地，不会将脆弱的车尾部位面向敌军。

领取弹药后，将训练弹排列于“豹Ⅱ”A6坦克的履带旁。一般而言，赛程当中每车仅装填10发，所以对于目标射击并非无限制，这也是德军装甲兵一再进行“节约”训练的重点，即除了单车力求射击精准外，群组还要避免射击同一个目标，以达到弹药与目标的交换率尽可能相符，这是非常有难度的。德军装甲兵在本次的竞赛中，所使用的弹药数量“非常节省”，基本上已经达到弹无虚发的程度，在本次射击距离从1300-2000米之间，不管是“静对静”、“静对动”、“动对静”还是“动对动”的射击模式，对于德军装甲部队而言，要命中目标几乎没有难度。

除了坦克以建制排参赛以外，各参赛队伍多会携带一辆预备车与装甲保障车跟随；图为乌克兰的BTS-5B型装甲保障车，也就是俄罗斯版的BREM-1装甲保障车衍生型。该车装置在左侧车体前部的12吨重液压起重机，吊挂重量为25吨，必要时还可以增加到100吨。车头前方还有一台液压操作的推土机，车上有全套的战场保障装备。

法军的装甲保障车，主要是“勒克莱尔”坦克的衍生型DCL（Dépanneur du Char Leclerc）装甲保障车，它是取代早期AMX-30D的后继产品，主要用于对50吨以上的坦克实施救援，为了将受损的坦克拖离战场，它配备起重机（起重能力30.6吨）、推土铲（3.4米宽）、绞车（主绞车180米长、牵引能力35.7吨）、20枚DREB烟雾发射器等装备；搭载德制MTU的V型12汽缸涡轮增压柴油引擎（输出1500匹马力），作战距离600公里。

德军的装甲保障车，主要是Bergepanzer BPz3型“水牛”（Büffel）式装甲保障车，该车是德军装甲部队主要使用的抢救车款，各个坦克营均有配属。“水牛”装甲保障车整合了包括推土机和起重机等机具，使其能够在粗糙地形或战斗条件下接近受损或出故障的车辆，并将其拖至安全的位置。由于是采用“豹Ⅱ”坦克的底盘，因此具备相同的动力装置，拥有1500匹马力的柴油引擎和基本的自卫能力（机枪、烟幕发射器）。

调转车头，在117号靶场1号射击阵地的法军“勒克莱尔”坦克，准备驶离之前，车尾排放出的浓浓白烟。令人遗憾的是，法国队的表现有点出乎意料，不仅在射击技术上未达A级，中看不中用的自动装填系统还当众出了大洋相。在车内设计方面，车长与射手被主炮给隔开，彼此无法目视。在这仿实战的竞赛中，几乎无法展现出法军装甲部队精良的战技，令该款坦克得不到好评。

乌克兰T-64BV坦克的后视图，造型独特的散热口与排气管上沿，装置加挂油箱的挂架，“自救木”则是俄系坦克的标配，自成一种特色。为了减小车体的暴露面积，俄系半圆状的炮塔设计与西方世界的坦克格格不入。在历经近一世纪的坦克设计发展后，俄罗斯终于在坦克炮塔的研制上有了较突破性的改变。

“战车道”，在德国是真实的存在而非日本著名卡通“少女与战车（GIRLS und PANZER）”中虚拟或搞笑的专有名词。“战车道”，是指营区或训练场内，或由营区通往野外训练场的“战车专用道”，是专门为战车提供行驶而设计和铺设的强化道路（德军坦克一般车重为55-65吨之间。路面质量与承载力度，必须经得起坦克重量的长期辗压）；而一般民众如驾驶民车违规行驶于“战车道”上，遭警察拦查后，依照德国交通法律的规定，将会被处以80欧元以上的罚款（视情节开罚），这大大保障了装甲部队在机动或演训方面的道路优先权。

法制“勒克莱尔”装甲保障车型DCL（Dépanneur du Char Leclerc），应该算是竞赛场中的另一个亮点，虽然不是真正下场的参赛车辆，但其强悍的车辆抢救性能、舒适的内装与空间、新颖的设计外观、鸥翼式开启的舱门……不知羡煞多少后勤单位。车侧尾部漆着“VILLE DE REIMS”，显示该车所属的驻地。

2017年的“坚强欧洲坦克挑战赛”，于5月7日由美国陆军部代理部长斯皮尔（Robert M. Speer）主持开幕式，正式为接下来一周（5月8日至5月12日）的赛事揭开序幕。来自六个国家的六支参赛队伍，即将驾驶着自己的装甲兵器在多个竞赛场地中大比武。

在开幕致词结束之后，斯皮尔分别向六支参赛队伍致意，除了熟悉的北约盟国之外，与乌克兰参赛官兵的寒暄特别引人注意，宣示性的政治意味浓厚。

在开幕致词的欢迎仪式结束后，参赛队伍的官兵互相参观彼此参赛用的装备——坦克，并进行相互交流，这是见识外军装备的大好时机。

竞赛赛程表

<table>
<tr><th></th><th>奥地利</th><th>德国</th><th>波兰</th><th>法国</th><th>乌克兰</th><th>美国</th></tr>
<tr><td rowspan="4">5月8日
星期一</td><td>1</td><td>2</td><td>4</td><td>8</td><td rowspan="4">11</td><td rowspan="4">12</td></tr>
<tr><td>3</td><td>5</td><td>10</td><td>9</td></tr>
<tr><td>2</td><td>1</td><td>8</td><td>4</td></tr>
<tr><td>5</td><td>3</td><td>9</td><td>10</td></tr>
<tr><td rowspan="4">5月9日
星期二</td><td rowspan="4">11（PM）</td><td rowspan="4">11（AM）</td><td rowspan="4">12（AM）</td><td rowspan="4">12（PM）</td><td>8</td><td>1</td></tr>
<tr><td>9</td><td>3</td></tr>
<tr><td>4</td><td>2</td></tr>
<tr><td>10</td><td>5</td></tr>
<tr><td rowspan="4">5月10日
星期三</td><td>4</td><td>8</td><td>1</td><td>2</td><td rowspan="4">12</td><td rowspan="4">11</td></tr>
<tr><td>10</td><td>9</td><td>3</td><td>5</td></tr>
<tr><td>8</td><td>4</td><td>2</td><td>1</td></tr>
<tr><td>9</td><td>10</td><td>5</td><td>3</td></tr>
<tr><td rowspan="4">5月11日
星期四</td><td rowspan="4">12（AM）</td><td rowspan="4">12（PM）</td><td rowspan="4">11（PM）</td><td rowspan="4">11（AM）</td><td>1</td><td>8</td></tr>
<tr><td>3</td><td>9</td></tr>
<tr><td>2</td><td>4</td></tr>
<tr><td>5</td><td>10</td></tr>
<tr><td rowspan="4">5月12日
星期五</td><td colspan="6">6</td></tr>
<tr><td colspan="6">7</td></tr>
<tr><td colspan="6">友谊射击竞赛</td></tr>
<tr><td colspan="6">颁奖典礼</td></tr>
</table>

①赛程表依主办单位公布的数据重新绘制。

②因罗马尼亚临时缺赛，导致赛程不如预期的紧凑。

③本表中的数字代表本书第79页“竞赛项目概述”中的项目序数。比如，奥地利名下（5月8日星期一）有1、3、2、5四个数字，其中1代表“战场核生化侦消作业及车辆抢修”，3代表“车辆遭遇简易爆炸装置（IED）的反应及伤员急救与车辆紧急抢修作业”，2代表“驾驶技巧课程”，5代表“呼叫间接火力（炮兵）支持”项目。换言之，5月8日星期一，奥地利队一天进行1、3、2、5四个项目的比赛，顺序是先进行第1项，然后第3项、第2项，最后一项是第5项。

本表中其他各栏数字代表意义同上。

竞赛项目概述

本次“坚强欧洲坦克挑战赛”（2017）的比赛项目共计有12项，分别是：

1.战场核生化侦消作业及车辆抢修（CBRN/ Vehicle recovery），占50分；

2.驾驶技巧课程（Precision driving course），占50分；

3.车辆遭遇简易爆炸装置（IED）时的反应及伤员急救与车辆紧急抢修作业（MEDEVAC/ BDAR），占50分；

4.目标测距（Range determination），占50分；

5.呼叫间接火力（炮兵）支持（Call for fire），占50分；

6.车组人员的体能障碍超越测验（Obstacle course），占50分；

7.车组人员战斗接力赛（Tanker Olympics），占50分；

8.下车战斗时车组人员的轻兵器射击（Combat pistol shoot），占50分；

9.战场回报（Reporting），占50分；

10.车辆辨识（Vehicle identification），占50分；

11.坦克排攻击（Offensive operations），占500分；

12.坦克排防御（Defensive operations），占500分。

本次的竞赛采用“积分制”，12项的总分共为1500分，积分最高者为冠军，以此类推；“最佳单位奖”则仅就坦克排射击的技术项目独立进行考评。

竞赛阶段

在“战场核生化侦消作业及车辆抢修”比赛项目中，法军“勒克莱尔”坦克的车组人员在模拟的核生化状况下，穿着核生化防护服为坦克进行拖救前的系索作业。在太阳下穿着全套的核生化防护服，肯定不好受，但这是比照实战状况下的考评，唯有通过扎实的训练，才能在时限内完成要求的抢救作业。法国队在这一比赛项目上拿到满分（50分）的成绩。

在“驾驶技巧课程”比赛项目中，所谓的“驾驶技巧”乃是要求坦克进行“闭舱驾驶”，并通过连续N字形的路面；直线加速时，辗压过报废汽车。获得最快的速度者则评为最高分。这是对驾驶员技术的严格考验，因为其视野严重受限，主要依靠车组人员对车外情况的辅助侦察，因此车内通信也就显得重要。

乌克兰队的T-64BV坦克虽然吨位明显较其他队伍的坦克轻，然而由于是赛场中唯一的手排车辆，造成行驶间的晃动程度让车组人员非常不舒服，加上马力不足，相对薄扁的路轮不足以支撑履带实质的接地面积，转向操控的速度也明显落后其他车种。该款坦克操驾状况在观赛者看来实在很不舒服。行驶于N字形路面的T-64BV坦克，可以见到前方的挡泥板已经打开，以避免辗压汽车时发生履带“卡车”的现象。

奥地利队伍使用的“豹Ⅱ”A4坦克，搭载1500匹马力的柴油引擎，正在以强大的扭力转弯。

奥地利队伍使用的“豹Ⅱ”A4坦克，虽然是“豹式”家族中较老旧的款式，却因为车身重量较轻、引擎推重比高，反而具有较灵活的行驶优势，使奥地利队在这一竞赛项目中的成绩技压群雄，成绩是24分29秒。

德国队驾驶吨位较重的“豹Ⅱ”A6坦克，在这一关虽然讨不到任何便宜，却也以25分40秒的成绩拿下本站的第三名。

在车辆遭遇简易爆炸装置（IED）的反应以及伤员急救与车辆紧急抢修作业中，奥地利军的“豹Ⅱ”A4坦克组员，正在进行左前履带更换。如果遇到维修或保养作业时，四人的车组编制，就会远比采用自动装填系统的三人车组编制效率高许多。

在车辆遭遇简易爆炸装置（IED）的反应及伤员急救与车辆紧急抢修作业中，奥军的“豹Ⅱ”A4坦克组员，正在进行左前履带更换。在不同的作战思维下，会有截然不同的坦克被制造出来。但战场状况变化多端，装备的可适性高低多少会直接影响到战斗的结果。

波军装甲兵正在为“豹Ⅱ”A5坦克进行履带更换的抢修作业，可见“豹Ⅱ”坦克使用的是戴尔（Diehl）出品的双销式履带，该型履带的质量在国际军火市场中颇受好评，目前西方世界的主力坦克基本上都是采用该公司所研制的570P型履带。较宽厚的路轮，可提供坦克行驶时的更好的稳定性。

在目标测距的竞赛项目上，比赛内容是在无依靠车装激光测距仪，或在无依靠相关仪器辅助的条件下，仅运用传统的望远镜对6个目标的距离进行判断。图为奥军装甲兵的车长，正在“豹Ⅱ”A4坦克上进行目标测距，在该竞赛项目中，奥地利队又再度拔得头筹，得到21.75分。站立于车长与装填手后方的即为该项测验的美军裁判官。

德军装甲兵的车长，正在“豹Ⅱ”A6坦克上进行目标测距。该竞赛项目中，德国队的表现屈居第二，得到21.25分。

在奥地利队进行坦克排防御的评核项目前，裁判官对参赛的车组人员进行规则的简报。

在车辆辨识竞赛项目中，显示在观测仪器上的波军“豹Ⅱ”A5坦克。参赛的坦克排需在时限内辨识出30个、出现在不同距离内的敌我车辆目标。波兰队在这个考验项目上的表现差强人意，仅拿到29.5分（总分50分），仅胜过乌克兰的26分，可见其坦克兵的基础训练大有问题。

车组人员的体能测验，包括多项障碍越野，以考验官兵的体能及互助精神。

车组人员接力赛，以车为单位，官兵们肩扛坦克炮的空包训练弹、手提弹药箱，奋力竞赛。图为美国队的参赛官兵。

法国队坦克组员在进行下车战斗时轻兵器射击项目前，听取裁判官的相关说明。

下车战斗时车组人员的轻兵器射击，则以各坦克所编制的人员配备武器实施射击（各国编制迥异，因此会有用冲锋枪或手枪射击的情况）。此外，坦克兵不仅要在车上，也要下车到三个不同的地点，各射击10发子弹。法国队随后在这轻兵器射击项目中的表现也是差强人意，耗时7分24秒命中100个目标，成绩算是中下而已。

比赛前段表现一直不理想的德国队，装甲兵们在一天的赛程结束后，召开“行动后检讨会”（AAR），并对装备实施保养（1）。身为传统的陆军强国，又顶着许多“坦克王牌”的历史光环，对于去年夺冠的德国队来说，不论是派出哪一个单位参赛，一直都会背负着输不起的压力。

比赛前段表现一直不理想的德国队，装甲兵们在一天的赛程结束后，召开“行动后检讨会”（AAR），并对装备实施保养（2）。官兵正在为“豹Ⅱ”A6坦克的坦克炮套上防尘套，该款火炮是当今同样口径中最具威力的滑膛炮。

小雨中，准备开赴竞技场的美军M1A2（SEP）坦克车队。美军的M1A2（SEP）坦克具有高耸的车身，炮塔上加装的遥控武器站（RWS），容易在远处被发现。该款坦克搭载独特的燃气涡轮引擎。

准备前往竞赛场地的法国“勒克莱尔”坦克车队，对于喜欢法系坦克的军迷们而言，法兰西坦克的设计的确也是一绝，难怪当时法国否决了外购坦克（M1“艾布拉姆斯”、“豹Ⅱ”、“梅卡瓦”等）的提案，后来也与德国在1979年终止联合发展“豹Ⅱ”新型坦克的计划，之后才独立开发出AMX-56型坦克。但其构型与设计理念却曲高和寡，造成生产成本一直降不下来，外销成绩也一直未见起色。

在呼叫炮兵火力支援的项目中，德国队的表现不佳，该项成绩竟落后于奥地利、美国、法国队。种种的迹象显示，德国队今年在许多项目上的表现真是让人很诧异！

在伤员急救的项目中，法军坦克兵正进行模拟伤员的输送。

在伤员急救的项目中，奥地利坦克兵正在对模拟伤员进行紧急治疗作业。

德国队的“豹Ⅱ”A6式坦克进入城镇地区，实施战场回报的相关程序，引导后续车辆进入。德国队在这一个项目的表现较其他队伍为佳。

美军的M1A2（SEP）坦克进入城镇地区，接受战场回报项目的考核。

奥地利队在呼叫炮兵火力支持的项目中，正将目标的坐标位置给裁判官验证，后续即有炮兵发射实弹朝目标区射击，这可不是在玩游戏，各项的考核都在验证平日训练的成果，所以实战气氛相对浓郁。

空中的信号弹缓缓落下，奥地利队的“豹Ⅱ”A4坦克旋即驶上射击阵地。

“勒克莱尔”坦克自动装填机隔开了炮塔内的车长与射手，自动装弹机收纳车尾装填好的弹药，其余储存在储弹室内，但自动装弹机射击完毕后，“勒克莱尔”坦克就得进行“小休息”，由车组人员进行弹药的再装填作业，时间则须视坦克成员的能力（每一枚弹药重超过20公斤，从储弹舱取出弹药、由炮塔舱盖传递出去、再从炮塔后方塞进自动装弹机，重点是车组人员只有3名，这一传弹、接弹、装填作业可能连驾驶员都要放下手边工作参与进来，所以此时的“勒克莱尔”坦克基本上毫无威胁）而定，装填作业完成后才可以再进行交战，这一段时间就是该坦克的“死穴”。采用自动装弹机的另一个缺点就是无法立即选用适合的弹种对付目标，造成弹药的浪费。“勒克莱尔”坦克如果发现目标，却使用了已设定的装弹，则会有以下的缺点产生：1.无法有效摧毁目标，2.浪费弹药，3.暴露己身目标反遭敌军射击。

法军坦克兵在车上以个人武器（手枪）射击目标。

法军的“勒克莱尔”坦克陆续进入各个射击阵地。

行进中的奥地利坦克战队。

射击中的美军M1A2（SEP）坦克排，在射击项目中，多采用固定靶与活动靶并列的模式，因此对于全排的配合默契要求甚高，不仅考验单车的射击技术，还检验全排通力合作的水平，以避免射击同一目标，或造成目标落单、无人射击的窘况。

法国“勒克莱尔”坦克的车长正在搜索目标，在车辆辨识的考评内容中，坦克在通过赛道的同时，需辨识出30个敌军、友军的坦克目标。法国队在该项测验的表现正确率仅7成，只能算是勉强及格而已。

法国“勒克莱尔”坦克在车辆辨识的项目中，缓缓行驶于树林边际，谨慎地搜索目标。

奥地利的“豹Ⅱ”A4坦克在车辆辨识的项目中，车长正努力进行敌我目标的辨识。奥地利队在本项目的考验依旧表现优异，正确率高达9成。

当坦克排防御的赛事结束后，德军装甲兵将坦克驶回指定的休息区，准备执行例行的保养勤务。很难想象德军一向自豪的射击强项，居然在坦克排攻击时小输给奥地利队（德国队虽然命中率还是最高，达到23/24，但总分数为444分；比起奥地利队的447总分略逊，后者的命中率为22/24），官兵士气难免受到些挫折。（附注：在“坦克排攻击”与“坦克排防御”的评核项目中，不仅仅是单纯的射击，而是自排长受命行动开始，依据设定状况进行战术行动，包括地形侦察、状况处置、部队运动、射击等，这些总和的成绩构成本项目的总分数。）

完成坦克的例行保养与火炮清洁后，列队离开休息区的德军装甲兵。在车辆停放区中，灰色的水泥地上布满许多掉落的履带胶块碎屑。德军连级部队的军官编制甚少（仅二名），一般都是由士官在带领部队，由于德军士官的服役年资通常较长，因此在确保部队的专业技术得以传承方面，士官扮演着很重要的角色。而德军士兵每周上班的工时上限为41小时（可以周为单位计算，如果本周超时工作，则可以在下周减免，或进行年度累积，但不得转换为“休假奖金”），每一年连队长官需统计单位内士官兵的工时（通常11月就结算，并强制超时的士官兵休假），并于年度内休假完毕。因此部队的训练必须得非常精算，如何在有限的时间和多重条件的限制下，持续保有高度的战斗水平，是部队军官要克服的挑战。

乌克兰的坦克部队在待命中，准备进行“驾驶技巧课程”的比赛项目。

在呼叫火力支持的项目中，受测的坦克车长需将观测目标的坐标记下并回报，坐标如果正确，没过多久该车所呼叫的炮兵火力便会击中目标，整个流程一点都不含糊。图为正在实施阵地转移的德军PzH2000自行火炮。

待命中，准备开进117号射击场的德国队“豹Ⅱ”A6坦克，旁边的卡车即是担任教勤、尾随观察计分的教导车，车身漆了明显的字母L〔即德文Lehr（教导、示范之意）的缩写〕，只要是在射击的评核科目中，都会看见它的存在。

位于1号射击阵地的德国“豹Ⅱ”A6坦克正对目标实施射击，威力惊人的120mm/L55滑膛炮，可以说是所有六支参赛队伍中火力最强悍的主炮。

位于2号射击阵地的德国“豹Ⅱ”A6坦克。在德军的装甲部队中，射手与车长各有观测区域（通常不同方向），但如射手发现临机目标，判明其可能对己方造成立即危害，即可无须请示车长而先行射击，否则通常会请示车长后再做处置。

位于3号射击阵地的德国“豹Ⅱ”A6坦克。一般而言如果车长发现目标，则会通知射手，或强制接管射手的火炮进行射击，之后立即再转移观测区搜寻下一个目标。此外，如果射手先发现目标，则会报告车长进行观测后，再决定是否进行射击。而在车长进行观测的同时，射手会转移至另一个方向继续搜索。

位于4号射击阵地的德国“豹Ⅱ”A6坦克。在德军装甲部队训练中心，训练一名射手需约2个月时间（训练中心完训后分配部队，再由部队实施在职训练与参加演训，以持续磨练更高阶与实务的作战技术，也就是说训练中心仅培养基本技能，后续的提升交由部队执行）。而在作战状况下，一旦车长殉职（或丧失指挥能力）之后，则由射手接替车长的任务。

射击完毕，带着胜利者的姿态、挥舞着德国国旗的“豹Ⅱ”A6坦克，准备接受弹药的安全检查后，退出射击场。这一场射击实力的较量，也是进入所谓“精锐装甲兵”之路的最严苛的考验。当全排进入射击阵地后，各车即开始搜索目标，当塔台下达开始射击的口令之后，四车得分别对1500米、2300米距离的各8个静止、移动目标（共16个）进行射击。德军的表现依然是技惊全场，只花了二十几秒就将目标全数命中，弹无虚发，再次夺下今年度的“最佳单位奖”。

待命离场的德国队“豹Ⅱ”A6坦克，可以见到装甲侧裙的前段部分，远比中后段的厚重，以对车身前方的驾驶员和储弹舱等重要部位提供更高的装甲防护。相比而言，俄系坦克由于引擎技术粗糙，为了获得更高的机动力而不得不减轻车重，所以常见俄系的履带侧裙并非使用防护性较佳的装甲板，而是重量轻的橡胶片。

法国队的“勒克莱尔”坦克，是竞赛场中单车造价最高的车款（1260万美元），由于一直没有实战经验，所以法军的军迷们很期待今年能够看到它的表现。图为在坦克兵的引导下，一辆参赛的“勒克莱尔”坦克准备驶往多国高级军官团观摩的场合，作团体合照的“摆设”。

法国队的“勒克莱尔”坦克虽然造型漂亮，但是在整场的赛事中，却暴露出许多令人觉得不可思议的缺陷，例如倒车过程便是一例。虽然“勒克莱尔”坦克的车重几乎是北约“坦克五杰”（艾布拉姆斯、豹Ⅱ、挑战者Ⅱ、公羊、勒克莱尔）当中最轻的（仅56吨），拥有极高的推重比（27匹马力/吨）；也是加速性最快的坦克（从0到每小时32公里仅需5秒）。但在进行攻击、防御作战考评的过程中，“勒克莱尔”坦克在退出阵地时都得先调转车头，然后才能高速行驶，这时会将脆弱的车尾朝着敌方；而不像“豹Ⅱ”坦克系列直接倒车行驶，将车身正面较厚的装甲部位朝向敌方。

法国队的“勒克莱尔”坦克，采用120mm/L52滑膛炮，炮管上有隔热套筒和自动排烟装置，位于驾驶上方的是“勃朗宁”M2型的12.7mm同轴机枪。该滑膛炮在当时算是北约中火力最强大的，直到德国“豹Ⅱ”A6换装120mm/L55滑膛炮、美军M1A2使用贫铀弹以后，威力才被超越。

法国“勒克莱尔”坦克炮塔尾部的特写，可见7.62mm防空机枪、横风传感器、高耸的车长观测仪、内嵌式的烟幕发射器、天线、置物架打开即可见到的特殊自动装填系统、车尾部大面积的散热器和西方坦克尾部罕见的外挂式油箱的挂架（可额外加挂2个200升的油箱，但是在作战时需抛弃，以免影响炮塔回旋）。

法国“勒克莱尔”坦克炮塔左侧特写，可以见到车长专用的HL-70型观测仪、7.62mm防空机枪、内嵌式的烟幕发射器（两侧各7枚）、车尾左侧弯管朝上的排气管。整座倾斜、宽扁的炮塔与其他各国主力坦克的设计大不相同，主要因为优先考虑自动装弹机，再围绕装弹机设计炮塔。或许是模拟电影《狂怒》（Fury）中的涂装，法军本次来参赛的“勒克莱尔”坦克在炮塔上也漆着“死亡之箱”（TROMPE LA MORT）的字样，颇有赛前如毛利人先跳支战舞般震慑敌军心理的效果。

法国“勒克莱尔”坦克正视图，可以见到几乎居中的驾驶舱、流线型的炮塔、两具较大的观测仪（高耸的圆筒状是车长的HL-70型观测仪，坦克炮侧边的是射手专用的HL-60观测仪、SAVAN-20稳定系统）、横风传感器、7.62mm防空机枪……

准备驶入射击阵地的法国“勒克莱尔”坦克，可以见到车尾额外挂载油箱的四个挂架，与朝上的排气管。该坦克搭载V8X-1500型高压柴油引擎和伦克（Renk）公司的AG自动变速箱，具有1500匹马力，相对于它的车重，使其能拥有较好的机动力表现。

驶出2号射击阵地的法国“勒克莱尔”坦克，炮管倍径较长（52倍径）的主炮在当时可算是鹤立鸡群，比当时西方坦克普遍使用德国莱茵金属公司生产的120mm/L44滑膛炮更具威力。不过由于采用自动装填的设计，使其没有了扩充升级的空间，表明这一款坦克的发展几乎是已经到头了。

在坦克排攻击的评核项目中，行驶于1号车道上的法国“勒克莱尔”坦克，该车的主炮发生要命的故障，依照竞赛的安全规定要举升炮管。这也是迷信于自动装弹机的苦果，造成只剩下三辆坦克得射击36个目标的沉重压力，种下失败的种子。坦克排攻击与防御这两项竞赛项目是重点，对于坦克兵素质的挑战性颇高，例如在坦克排攻击时，共区分成6个阶段，得射击总共24个坦克靶目标（全排携弹40发炮弹、各车10发炮弹），射击距离1600米，标靶出现时间为15秒；外加12个机枪靶目标（全排携弹200发、各车50发子弹），坦克排防御的射击要求基本上相同。

位于3号射击阵地上的法国“勒克莱尔”坦克，正准备进行“友谊射击”的竞赛项目。

位于2号射击阵地上的法国“勒克莱尔”坦克，正在进行“友谊射击”的竞赛项目，车装120mm/L55滑膛炮射击时喷出巨大的火舌，相当震撼。

射击完毕之后，退出阵地重整的法国“勒克莱尔”坦克车队。

法国“勒克莱尔”坦克驶出射击阵地，后方可见两辆奥地利队的“豹Ⅱ”A4坦克正待命准备进场。

位于1号射击阵地的奥地利“豹Ⅱ”A4坦克，搭载德国莱茵金属的120mm/L44滑膛炮，射击时喷发出巨大的火焰。

位于2号射击阵地的奥地利“豹Ⅱ”A4坦克，正在搜索射击目标，炮塔上的红旗为表示即将射击的信号。

位于3号射击阵地的奥地利“豹Ⅱ”A4坦克，正在搜索射击目标，车装的机枪并非是德版的MG-3系列，而是比利时FN厂生产的7.62mm机枪。

射击完毕，行驶离场的奥地利“豹Ⅱ”A4坦克，可以见到早期“豹式”坦克有棱、有角的方正外形设计风格。

尾随在法国“勒克莱尔”坦克后方的奥地利“豹Ⅱ”A4坦克车队，行进时扬起阵阵烟尘，令观赛的官兵不禁回头观望。

波兰队的“豹Ⅱ”A5坦克虽然是第二次参赛了，成绩一直都不理想，波兰装甲部队的素质令人堪忧。近期的东欧紧张关系，导致北约联军向东前进部署，其中的一个因素，就是北约认为波罗的海三小国及波兰的地面部队，并没有足够的装甲力量可以对抗俄罗斯。

正进行“友谊射击”项目的波兰“豹Ⅱ”A5坦克，“豹Ⅱ”A5的外形与A6极为相似，最主要的区别在于A5仍然使用120mm/L44的滑膛炮。

位于3号射击阵地的波兰“豹Ⅱ”A5坦克，完成射击后换插绿旗，炮塔上可见车长用的PERI-R17型观测仪已转向后方。

位于3号射击阵地的波兰“豹Ⅱ”A5坦克，在“友谊射击”的比武中，波兰队的一辆“豹Ⅱ”A5坦克发生故障（短时间无法排除），因此注定要与“最佳单位奖”无缘。炮塔的侧方，可以见到6+2排列方式的烟幕发射器，炮管的隔热套部位则涂有白色显眼的骷髅头图案。

射击完毕，在待命线准备接受弹药检查的波兰“豹Ⅱ”A5坦克，可以见到射手用的EMES-15型瞄准仪。

行驶中的乌克兰T-64BV坦克，由于俄系坦克炮塔空间的设计颇为狭小，因此车组成员喜欢坐在外头吹风，一方面可以获得更好的视野，有时在复杂地形或视野受限时能引导驾驶员；车侧与炮塔外挂的反应装甲模块清晰可见；车长舱外还有一挺NSVT的12.7mm防空机枪（备弹300发），显得相当突兀。

行进中的乌克兰T-64BV坦克，原本半圆状的炮塔外观，在外挂反应装甲模块后已经变成了楔形，炮塔左侧可见4+4排列的8枚902B“乌云-2”式烟幕发射器。主炮旁圆状的红外线探照灯装置，似乎还停留在较早期型坦克的装备水平上。

乌克兰队的T-64BV坦克，呈现出浓浓的俄系坦克兵风范，可惜老旧的车体型号，搭载着仅具有其对手一半马力的引擎，就算是车身重量相对较轻，也表现不出较好的机动力；尤其是在换挡时的顿挫性相当明显。至于坦克乘员的舒适度，或许向来都不是俄系坦克发展所优先考虑的项目。

于2号阵地参与“友谊射击”项目的乌克兰T-64BV坦克，该车车尾长方形的散热及排气装置相当特殊，搭载5TDFM型850匹马力的混合式引擎，车重45吨，却扛着2A46M-1型125mm滑膛炮，射击时晃动之明显，可以说是所有参赛坦克中最严重的。而乌克兰队的射击成绩明显落后于其他队伍，凸显出乌克兰装甲兵的射击训练及火炮精准度大有问题，赛场中一度射击到硝烟弥漫，也无法结束比赛，大会还罕见地以“靶机故障”为由，让乌克兰队再“射击一次”，不知道又消耗多少弹药后，射击结果还是不理想。这样的状态要是发生在战时，战损交换率恐怕会非常难看。

于4号阵地射击中的乌克兰T-64BV坦克，搭载的2A46M-1型125mm滑膛炮威力逊于西方的120mm坦克炮，因此只能依赖炮射导弹（9K119反坦克导弹，北约代号为AT-11A“狙击手”）来弥补劣势（射程可达5000米）。采用6ETs43型自动装填系统的T-64BV坦克备弹36发，装弹机装填28发分装式弹药，其余部分被储存在驾驶舱、战斗舱，一般完成自动装弹机的弹药装填约费时13-15分钟。乌克兰队不论是在“坦克排攻击”、“坦克排防御”还是“友谊射击”等，凡是有关射击的项目其成绩都很“惊人”！例如在“坦克排攻击”的评核项目中，乌克兰的T-64BV坦克命中率竟然达不到一半；在1600米距离的24个坦克靶目标中，仅仅命中10个，几乎吓坏了在场的西方坦克专家们。在“坦克排防御”的评核中也是成绩垫底。

射击间隙中的乌克兰T-64BV坦克，车尾的“自救木”依旧是俄系坦克的“标配”。根据传闻，乌克兰这一批参赛的T-64BV坦克在出发前还经过特殊的升级（包括加装新式的无线电机、GPS系统和夜视光学镜头等），但乌克兰并未对外证实相关的揣测。而其中一项加装的系统，即为炮塔末端这一根特殊的天线设备（红圈处），疑似某款“战场管理系统”。但“神仙难救无命客”，乌克兰队的射击成绩总是令人难以置信的差劲。

完成射击后，退出射击线的乌克兰T-64BV坦克正接受观赛官兵的欢呼，车头、车侧、炮塔加装的反应装甲模块清晰可见（但内部却未装药包），炮塔上遥控的12.7mmNSVT防空机枪已穿上枪衣。尽管本届乌克兰队的表现并不理想，而先前外界也并不看好该队使用这样落伍的T-64BV坦克，能有什么样令人激赏的表现；不过场中依旧可以感受到参赛官兵强烈的凝聚力，这也就是主办单位所想要的结果。

行进中的美军M1A2（SEP）坦克，正准备驶出靶场。其中SEP为“System Enhancement Package（系统升级套件）”的缩写，主要针对装甲的防护、车装系统和弹道计算器等部件进行升级，好让这款性能优异且实战经验非常丰富的坦克得以继续服役下去。

比起法国“勒克莱尔”、乌克兰T-64BV坦克，美国的M1A2（SEP）坦克在乘员空间上较为舒适。不过车顶加装了遥控武器站，却也让整辆车的车身增高许多，车尾可见大面积的散热装置，该车搭载一台AGT-1500型燃气涡轮引擎，与普遍使用柴油引擎为主的其他各国坦克不一样。M1A2（SEP）坦克搭载的是M256型120mm/L44滑膛炮，该火炮的俯仰角度为-9°-20°，射程超过4000米，还能射击贫铀弹增加穿甲威力。除了车长舱外有遥控武器站，装填手舱外亦装配加装防盾的机枪。

休息区中的美国队M1A2（SEP）坦克，在M256型120mm/L44滑膛炮旁的圆柱型小管是同轴机枪，炮盾下沿为驾驶舱（操纵方式为仿机车的T型操纵方式），炮塔正后方竖立的是横风传感器。本次美国队的表现至少没有辜负“艾布拉姆斯”坦克自从海湾战争以来一直在陆战中称雄的威名。

于3号射击阵地参与“友谊射击”的美国M1A2（SEP）坦克，美国队在这一个项目中表现不俗，赢得在场观众的热烈掌声。美军本次参赛成绩之所以可以比上一届有大幅进步，主要是拜射击成绩所赐。虽然这两届参赛的装备都一样，但是参赛官兵的射击技能明显地经过了严格的训练。举例而言，在坦克排攻击的项目中，针对24个坦克靶目标能命中20个（命中率为83%），技压法国与波兰队，乌克兰队就更不用提了。

于2号射击阵地正在射击的美国M1A2（SEP）坦克，与俄系坦克相比，M1A2（SEP）坦克在射击时的稳定度远胜俄系坦克，车身晃动程度极小。

美国M1A2（SEP）坦克炮塔上搭载的M153型通用遥控操作武器站（CROWS）特写。M153型通用遥控操作武器站，包含一套感测装置（摄影机、热显像仪、激光测距仪）和火力控制系统，具备昼夜搜索目标与射击的能力，亦可搭配不同的武器（包括MK19榴弹枪、50机枪、M249机枪等）使用，本款为50机枪版本；该系统已经成功地装置到超过20种平台上，从“悍马”车到M1坦克均可见其踪迹。

完成射击后，待命离场的美国M1A2（SEP）坦克车队。

开过头的美军M1A2（SEP）坦克，原本是该驶进2号战车道的M1A2（SEP）坦克，却在观众加油的欢呼声中，演出“过站不停”的趣事；当发现之后，急忙倒车回到该车应当行进的车道，引起一阵欢笑。

在“友谊射击”之后，紧接的是“烟火秀”登场，各射击阵地挤入两辆坦克，然后对目标进行主炮与机枪的“疯狂”射击（直至各车弹药全数耗尽为止）。俄系、美款、德制、法造的坦克同一时间出现在一条射击线上，各国坦克兵之间进行友善性的比武。相信这样的交流活动，会让尔后的坚强欧洲坦克挑战赛更加精彩可期。

图前为奥地利“豹Ⅱ”A4坦克射击后炮管排出余烟，后方为波兰“豹Ⅱ”A5坦克。

换插绿旗（表示射击完毕），先退出阵地的奥地利“豹Ⅱ”A4坦克，后方还有数辆乌克兰的T-64BV坦克在努力“奋战”。

连最后一刻都还有乌龙上演的乌克兰T-64BV坦克，竟然两车开进同一条战车射击道，令自己在场观赛的官兵都有点傻眼，众目睽睽之下的坦克射击技术更是严重不合格。乌克兰新闻官脸上的这一副表情，正好显现出当时的尴尬。

打完收工！在117号靶场射击指挥台前谈笑风生的美军、德军装甲兵，可见指挥塔前停放的M1A2（SEP）坦克和“豹Ⅱ”A6坦克。对于参赛官兵而言，比赛已经结束，一切都已成定局，至少今年美国队的表现有大幅进步，不会再让人认为美军装甲部队因为过度重视反恐的城镇战斗，而疏忽了坦克兵原有的基本战斗技能的训练。

在角逐最佳单位奖项时，美国队的精彩表现与去年相较，真让人有恍如隔世之感。

波兰队的“豹Ⅱ”A5坦克的炮塔上有“翼骑兵”的队徽涂装（“翼骑兵”是波兰于16至18世纪中，赢得数次不朽战绩的骑兵部队，后来第二次世界大战中及之后的波兰装甲部队也沿用这样的徽章）。另外，还在炮管上漆着骷髅头（Skull Head）的标志。但波兰队的所有比赛成绩均不理想。图中这位波兰队的坦克车长，身上穿的坦克连身服亦颇具特色，而旁边的圆筒状物，即是车长专用的PERI-R-17A2观测仪。该射控系统拥有一具车长双向稳定全周界独立热显像仪，可将其观测的影像，传送至车长席的一个屏幕上；而此屏幕亦可切换为炮手热显像仪传来的影像。

设计对白："怎么又出故障了？人家都说法国工艺就是一种艺术，难怪这么尊贵，碰一下就坏。"尤其"勒克莱尔"坦克只有三名车组人员的编制，只要涉及保养维修的勤务作业时，又会一再地让车组人员想到——"如果车上能多一个人，该有多好！"

设计对白：“这位2号车驾驶员弟兄是不是昨天晚上啤酒喝太多了？这训练场都开过几次了，还忘记了站点？”演出“过站不停”的美军M1A2（SEP）坦克，在射击场中难得出现一次笑点。但毕竟成绩好的队伍，观众的反应就会不一样，通常不会是嘲讽，而或许是会心的一笑。

或许由于场地不熟或通信不良，乌克兰队竟然有两辆T-64BV坦克驶进同一条射击道。震惊之余，其官兵连忙跑上前去挥手并大声制止，引起观众席上一片笑声。

本次作者特别访问到了驻欧美国陆军司令霍奇斯（Hodges）中将，并询问有关“坚强欧洲坦克挑战赛”与俄罗斯“坦克两项赛”的竞赛内容差异。霍奇斯中将表示：“……我并不清楚他们（俄罗斯）的比赛，但我希望有一天在这里能够有俄罗斯的坦克排参与竞赛，而那时将会有趣得多……”

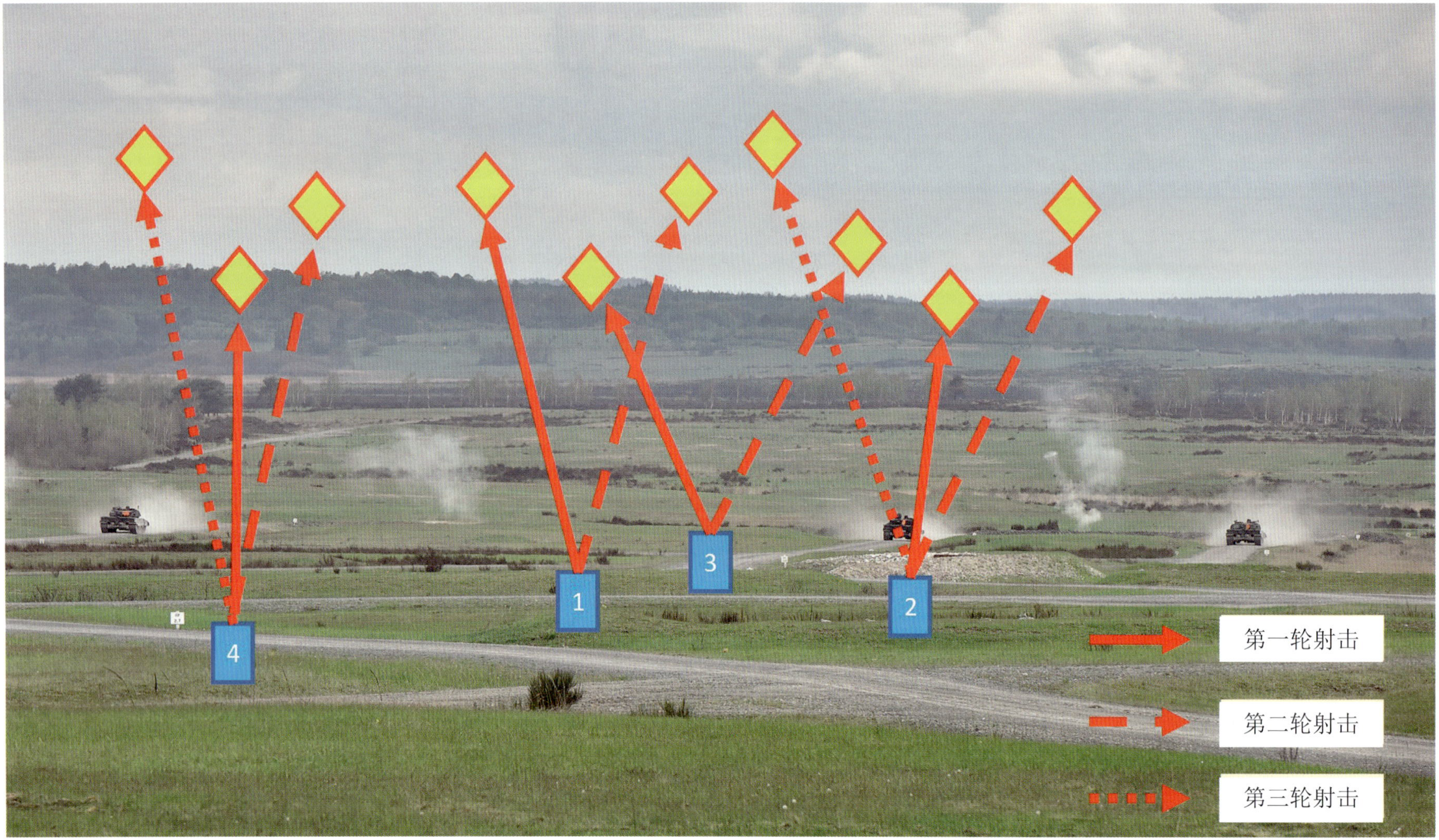

坦克射击目标分配的原则示意图（1）：德军装甲兵对于射击目标分配的原则自成一格，外人常常只钦羡于德军装甲部队自二战以来所打出的威名，殊不知德军的坦克击破王也是有一套培训的过程，而这个历程相较于其他各国的射击逻辑又有所不同，所以结果也就有较大的差别。德军装甲兵（坦克排）对于射击目标的任务分配，一般是先区分成三块（排长车负责观察全局状况），排长车除了分配射击目标外，还要伺机支持所需同伴，以消灭对友邻最大威胁的目标；并避免或减少两车射击同一目标的状况发生，以节约弹药。以下就是坦克排对目标射击的基本战术运用逻辑：1.先射击对我本身威胁最大者；2.再射击对友车造成直接威胁的目标。德军的“任务式指挥”（Auftragstaktik）也在这个细节上崭露无遗。在不断的训练下，历经特殊的训练仿真器培训，全排各车组之间的配合默契显得格外重要，这是除各车射手基本的射击技术外，团队射击成绩最重要的致胜因素。尤其是德军坦克均具备“猎-歼”（Hunter-Killer）的能力，在射手先于车长发现威胁目标后，即可径行射击；而不另需要车长的允许。全排四车（车长观测仪与射手使用的观测仪，不在同一个观测方向）不断在搜索目标靶，开放射击后，火炮可接续地对目标射击，大大节约射击的时间。

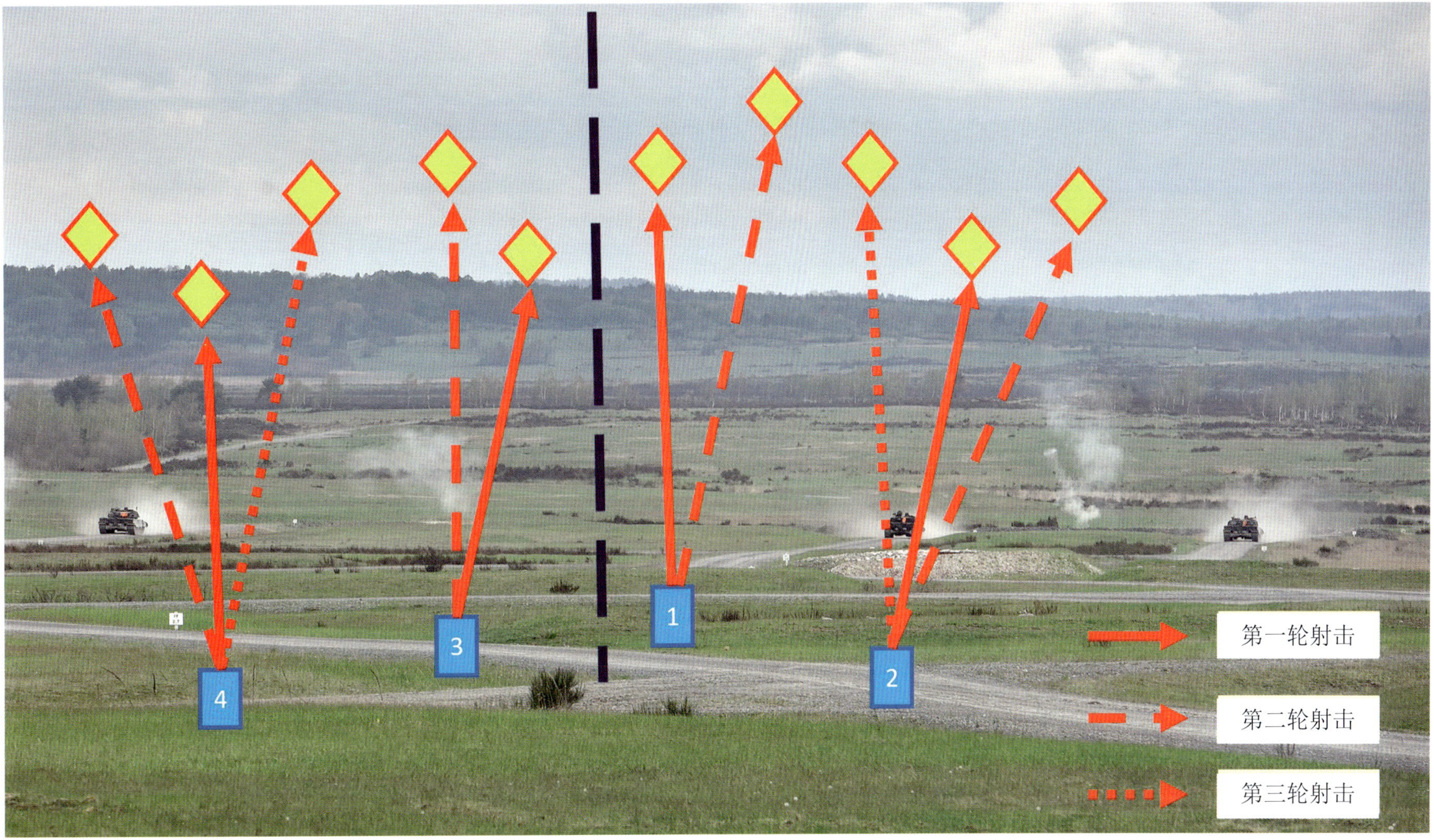

坦克射击目标分配的原则示意图（2）：美军装甲部队对于坦克射击目标分配的原则很简单，判定敌军威胁等级的方法，与其他各国相比也没有很大的不同，但是美军采用的是“二分法”，先将本身以二车为一组划分，再将目标依照前后（纵向）或左右（横向）区分成二半，各小组依据分配射击区域内的目标，再前后（左右）以夹叉的顺序击灭之。简言之，就是车组不断地进行“二分法”，逐次向中间目标进行射击。“美系坦克的射击训练，搜索目标与准予射击的无线电交谈过于冗长、射击口令亦不如德军般简洁，也就是各车的独立作战弹性不足，往往造成在射击的时效上有所延宕，要知道坦克一接战，如果双方都是在对进的情况下，反应的时间一般只有静对静射击时的1/4。”——这是德军装甲兵某营长基于亲身经历的真实阐述。

坦克的主炮如果射击翼稳脱壳穿甲弹（APFSDS），则能够更贴近于实战的效果（美军在伊拉克的一次实际战例显示，M-1坦克的120mm坦克炮使用翼稳脱壳穿甲弹，曾经一次击穿过两辆伊拉克的T-72坦克，而T-72坦克并未殉爆）。一般而言，对付“软目标”不会使用翼稳脱壳穿甲弹以避免浪费，使用高爆弹（HE）不仅经济，也更具有杀伤力。

俄系坦克虽然有自身独特的美感与特色，但如果还一直抱持着“坦克洪流”的战术心态，来参加北约这样类型的军事竞赛，恐怕暴露出来的不只是装备的问题，官兵整体训练的水平问题也会表露无遗。基本上参赛的坦克除了弹药未全装载外，不会有“减装”的情形发生，而乌克兰队T-64BV坦克的反应装甲模块是中空的，以换取较轻的车重，提高推重比，不过这样的“作弊”手法，还是不敌西方坦克搭载的引擎所输出的高机动力。

不知道车室空间是否真的狭窄到已经无法再多塞一点东西了？还是乌克兰装甲兵的纪律真的较松散？每一辆T-64BV坦克的榴弹发射器架上，都塞了好几瓶矿泉水，场上戏称这是其官兵自购的一层“液态防护装甲”！

看着法军开着娇贵的“勒克莱尔”坦克驶过，两名美军官兵或许心里犯嘀咕……（设计对白）“还好，我们打海湾战争的时候不是跟这一款坦克并肩作战。我们还是开我们粗勇的‘艾布拉姆斯’就好！”

真搞不懂，一辆850万美元的坦克为何不装个倒车摄影机？美军M1A2（SEP）坦克倒车时，车长都得不放心地开舱观察四周，以免发生意外。不过M1A2（SEP）的火力也真不是盖的，光是主炮外加炮塔顶上遥控武器站的重机枪就能提供充沛的火力，难怪连德军装甲兵都好生羡慕。

颁奖典礼

颁奖典礼会场，前三名的获胜队伍与“最佳单位”奖项的奖杯，都是以坦克炮穿甲弹的弹头造型铸造而成的，相当特殊。奖杯还是以一战时期的银质Mark.Ⅳ型坦克模型为造型，颇有回溯1991年之前北约著名的“银杯奖”（即“加拿大陆军杯”坦克射击比赛）的味道。

颁奖典礼由美军第7军团训练指挥部的指挥官托尼·阿古托准将（BG.Tony Aguto）主持，各参赛队伍的全体参赛人员及行政支持人员均出席颁奖典礼。美军的确是一座种族的大熔炉，不管是将级军官还是基层士兵，越来越多具有多元文化背景的不同种族的人加入美军的行列，这种现象日益普遍。

美国队参赛官兵参加颁奖典礼，由于今年的成绩表现让人比较可以接受（去年垫底的两名均由美国队囊括），官兵脸上显露出消失已久的喜悦。

德国队参赛官兵参加颁奖典礼，本届参赛的第203坦克营，驻地为奥古斯朵夫（Augusdorf）的隆美尔元帅营区（Generalfeldmarschall-Rommel-Kaserne），也是第一个换装“豹Ⅱ”A7的作战单位，不过在本届比赛上竟然无法卫冕成功，着实令人感到意外。

法国队参赛官兵参加颁奖典礼，法国队所使用的“勒克莱尔”坦克，虽然是参赛的所有坦克中造价最高的，但法军整体的表现令人不敢恭维，不仅车辆出现故障状况，连坦克射击的命中率也只不过勉强达到3/4而已，显示了法国坦克在实用的稳定性及装甲兵的训练水平方面有点不符合观众的期待。

奥地利队参赛官兵参加颁奖典礼，由于奥地利队的总体成绩跌破众人眼镜，整体表现令人折服，初次参赛的装甲兵就能以过硬的军事技术赢得桂冠，似乎是本次竞赛的最大冷门。

波兰队参赛官兵参加颁奖典礼，即便使用先进的坦克，波兰装甲兵在本次竞赛中的表现基本上是乏善可陈，并没取得很让人感到惊艳的成果；尤其是在技术装备的维护水平方面，实在有待提高。

乌克兰队参赛官兵参加颁奖典礼，虽然使用最为老旧的T-64BV坦克参赛，乌克兰装甲兵的奋战精神也算勇气可嘉，但是如果能够在武器平台与战技方面都能与时俱进，才不会让观众感觉像是不同世代的部队在同场竞技。但乌克兰出美女这句话倒是不假，乌克兰队有两点在赛场中令观众感到“惊艳”，一个是其老旧的坦克；另一个便是他们随队的女官。

获得第三名的美国队，今年似乎表现出一雪前耻的决心，在主要的得分项目（攻击、防御作战）上，几乎都紧咬着上一届冠军德国队不放，甚至其间还一度超前。最后一天上午“友谊射击”项目的表现，更是让在场观众为之震惊。除在坦克闭舱驾驶中表现较差（车身最为庞大，而影响操纵灵活度）外，其他比赛项目上的表现基本上都符合大家的期待；例如在坦克排攻击的命中率上，美军也达到5/6的水平。

德国队今年的表现似乎不再那么抢眼，没有继续卫冕成功，屈居第二名。德国装甲部队一直都被世界公认具有一流的作战素质，光是在冷战期间所举办的“加拿大陆军杯”（CAT）坦克射击竞赛当中，检视德军在17届的比赛成绩，基本上都在前三名之内，还有6次夺冠和3次列为“最佳单位”的纪录。如果德军装甲部队不能持续精进，那么未来在“坚强欧洲坦克挑战赛”的竞技场上，会有越来越多的硬仗要打。

在“友谊射击”项目中保住“最佳单位奖”的德国队，虽然失去今年的宝座，至少还保住了这一项目的桂冠（射击速度与射击命中率，均是参赛中最顶尖的队伍）。德国队之所以能后来居上，最主要依赖的还是一贯傲人的坦克射击技术，例如在坦克排攻击的竞赛项目中，德军坦克对24个目标能命中23个，命中率在参赛队中最高（约96%）。

如果说到本年“坚强欧洲坦克挑战赛”的最大冷门，绝大多数人应该都会同意，是首度参赛的奥地利队夺冠！虽然“豹Ⅱ”A4坦克在火力与防护力上已属于较旧的款式，然而比赛并没有针对坦克在这一方面提出要求，奥地利军装甲兵的勤训苦练终于收获了丰硕的成果。

有别于上一届的赛事，本届在成绩揭晓时，主办单位除了公布前三名以外，并未对后续的名次加以公告，因此对于4到6名队伍的猜测不断，几乎是各有各的版本。笔者亲自询问主办单位后，得到的回复主要是记取上届的教训，避免盟友之间因名次产生尴尬，毕竟在比赛之前就标榜主要着眼于北约盟军之间战术、技术、程序（T/T/P）的相互学习与交流分享。如同参赛官兵在赛后彼此交换纪念品，这才是举办这种竞赛的真谛。图为德国坦克兵与乌克兰坦克兵互相交换单位的臂章。